图书在版编目(CIP)数据

建天坛 / 崔彦斌著. — 北京：北京科学技术出版社，2019.1（2024.5重印）

ISBN 978-7-5304-9807-1

Ⅰ.①建… Ⅱ.①崔… Ⅲ.①天坛 – 图集 Ⅳ.①TU-092

中国版本图书馆CIP数据核字（2018）第193464号

策划编辑：阎泽群		电　　话：0086-10-66135495（总编室）
责任编辑：张　艳		0086-10-66113227（发行部）
封面设计：沈学成		网　　址：www.bkydw.cn
图文制作：天露霖		印　　刷：北京捷迅佳彩印刷有限公司
责任印制：李　茗		开　　本：787mm×1092mm　1/12
出 版 人：曾庆宇		字　　数：38千字
出版发行：北京科学技术出版社		印　　张：3
社　　址：北京西直门南大街16号		版　　次：2019年1月第1版
邮政编码：100035		印　　次：2024年5月第9次印刷
ISBN 978-7-5304-9807-1		

定　　价：42.00元

同济大学建筑系副教授刘涤宇权威审定

建天坛

崔彦斌 著

北京科学技术出版社

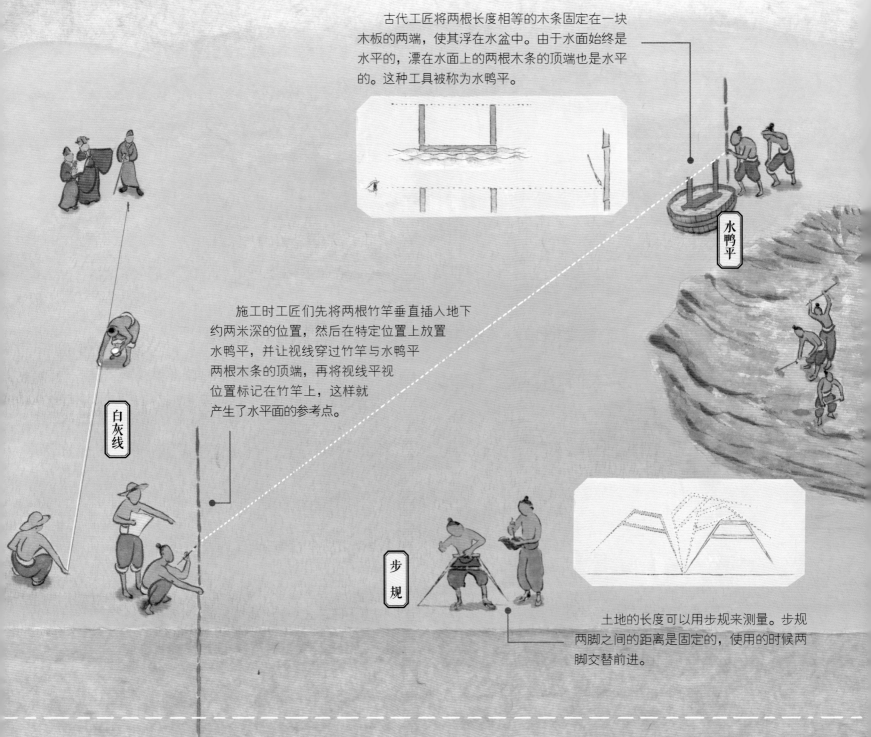

古代工匠将两根长度相等的木条固定在一块木板的两端，使其浮在水盆中。由于水面始终是水平的，漂在水面上的两根木条的顶端也是水平的。这种工具被称为水鸭平。

水鸭平

施工时工匠们先将两根竹竿垂直插入地下约两米深的位置，然后在特定位置上放置水鸭平，并让视线穿过竹竿与水鸭平两根木条的顶端，再将视线平视位置标记在竹竿上，这样就产生了水平面的参考点。

白灰线

步规

土地的长度可以用步规来测量。步规两脚之间的距离是固定的，使用的时候两脚交替前进。

明朝皇帝为了祭天祈福，下令修建天坛。
天坛中最重要的建筑，便是祈年殿*。
修建祈年殿时，工匠们先将白灰撒在地上，
标记出建造范围，再挖地基。

冬季，上层的土壤会结冰，但超过一定深度
后土壤就不会结冰了，这个分界线被称为冻土线。
地基要挖到冻土线以下约一米的地方，这样才能
确保地基稳固。

*祈年殿原名为"大享殿"，顶部覆盖着上青、中黄、下绿三色琉璃瓦，分别代表天、地、万物。
清乾隆年间改三色瓦为统一的蓝色琉璃瓦，更名为"祈年殿"。后又经过数次整修，它成为我
们今天熟知的模样。为便于理解，本书中绘制的祈年殿的颜色、尺寸均以现今祈年殿的为准。

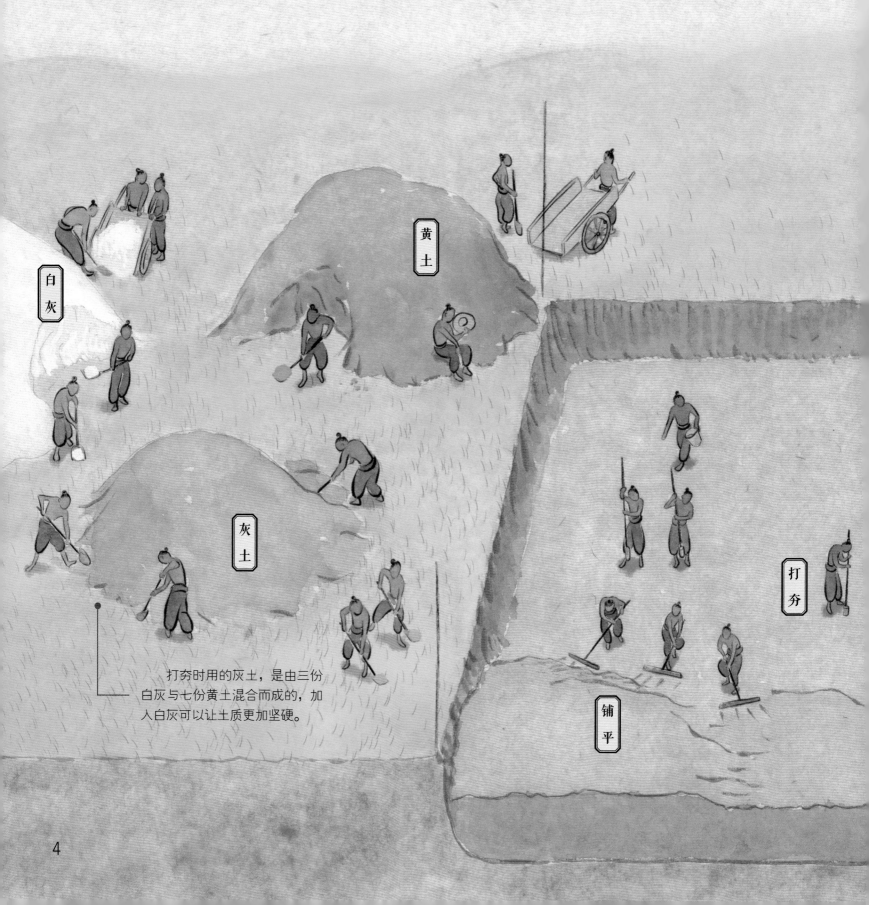

白灰

黄土

灰土

打夯

铺平

打夯时用的灰土，是由三份白灰与七份黄土混合而成的，加入白灰可以让土质更加坚硬。

稳固的房屋离不开坚实的地基。

工匠们将灰土均匀地铺在挖好的地基中，

再用夯头用力地砸向地面，把土中的空气排出，让松软的土变得紧密而结实。

夯土并不是一次就能完成的，得不断重复打夯与撒灰土的步骤，

这样才能夯出厚且结实的地基。

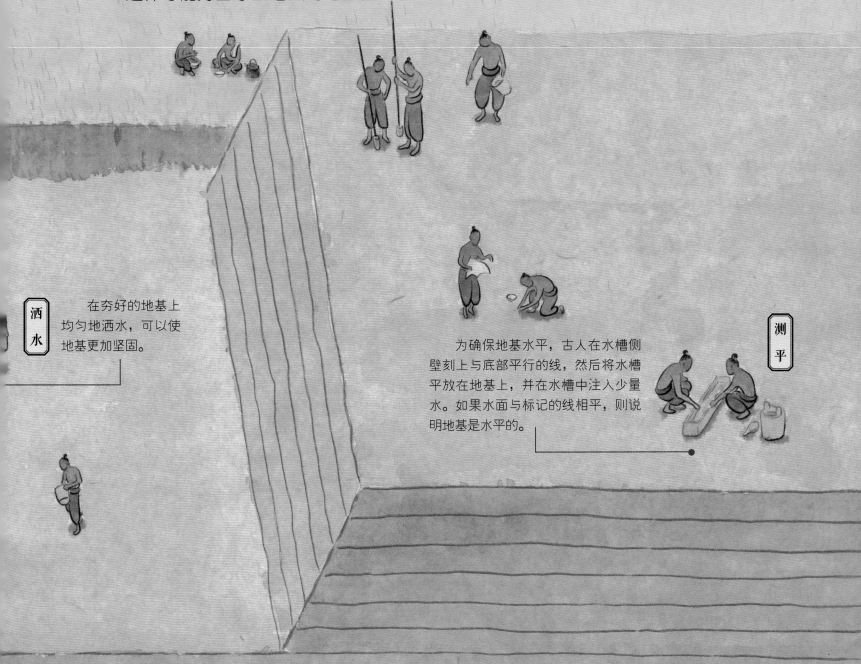

洒水

在夯好的地基上均匀地洒水，可以使地基更加坚固。

测平

为确保地基水平，古人在水槽侧壁刻上与底部平行的线，然后将水槽平放在地基上，并在水槽中注入少量水。如果水面与标记的线相平，则说明地基是水平的。

开采

装载

修整

在古代，建筑所需的石料一般在附近的采石场中开采。

工匠们用斧头、铁锤、凿子等工具将巨石开采出来，

再将巨石修整成略规整的石料。

小型石料可由驴车、牛车来运输，

大型石料的运输则困难得多。

在运输石料的路上，每隔 500 米便挖有一口水井。

等到寒冬季节，人们从井中取水，

将水泼洒在沿途路面上，使路面结冰，以便运送大型石料。

运输

洒水制冰

想一想：在冰上行走的时候你是不是觉得特别滑呢？冰面与地面相比，摩擦力小很多，所以在冰面上运输大型石料会轻松得多。

大型石料被运送到施工现场后，
再由石匠制作成规整的长方形石块，
这种石块被称为磉墩。
将磉墩搬运到标记好的位置后，
再在其上放柱顶石，用以支撑柱子。
磉墩和柱顶石可以起到承重和防潮的作用，
是建筑物保持稳固的基础，
一定要平整、牢固。

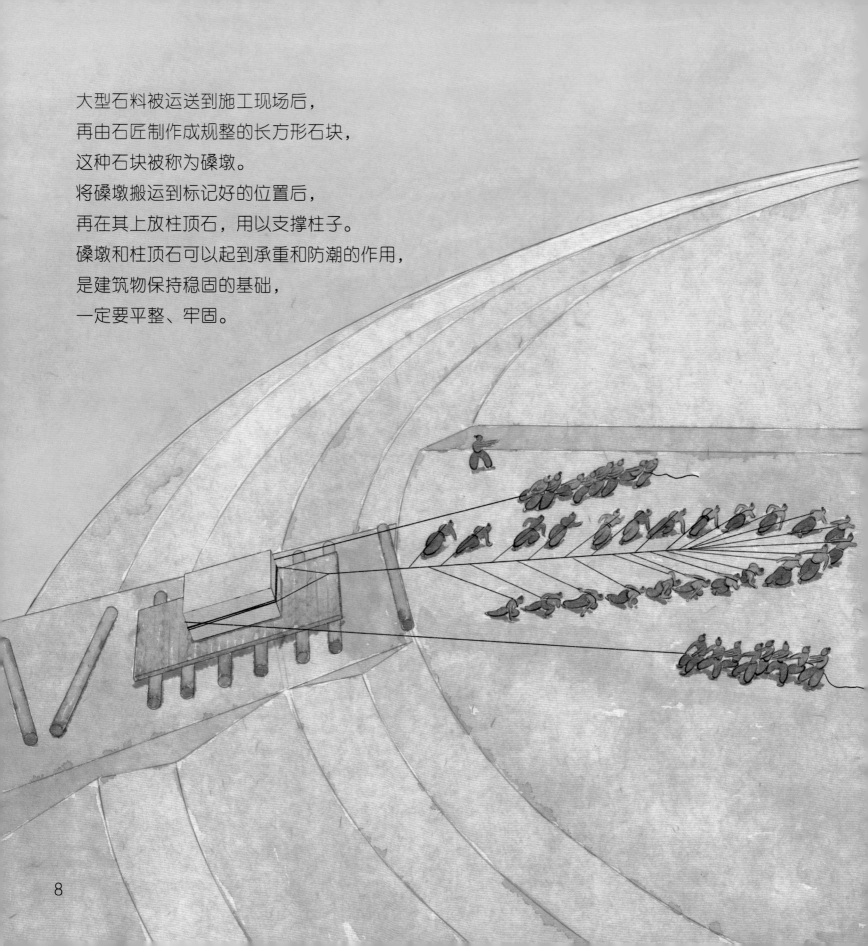

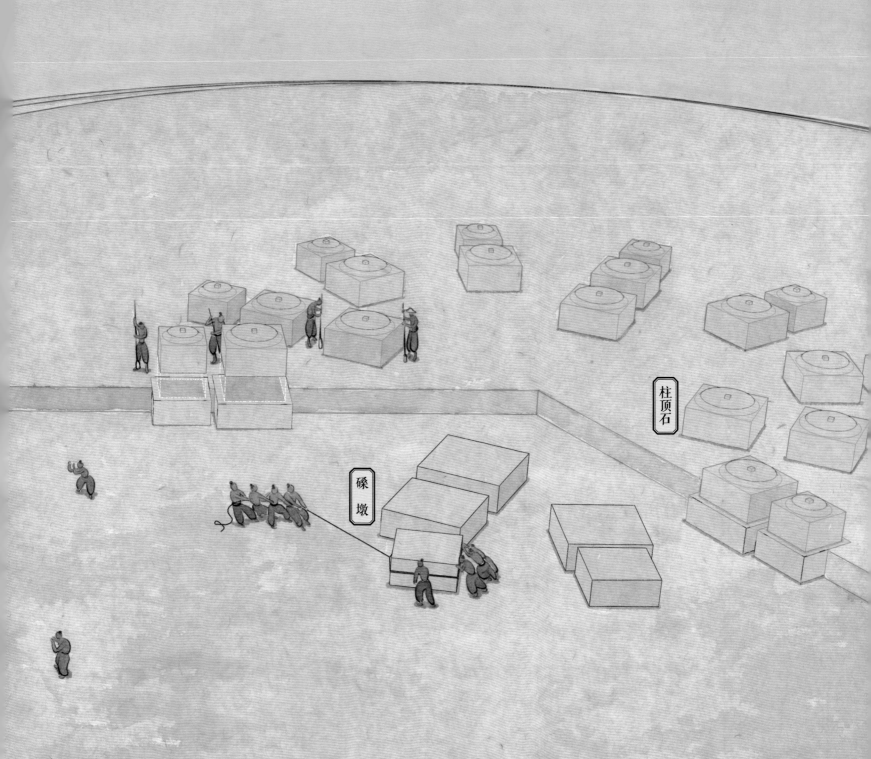

柱顶石

碌墩

采伐

搬运

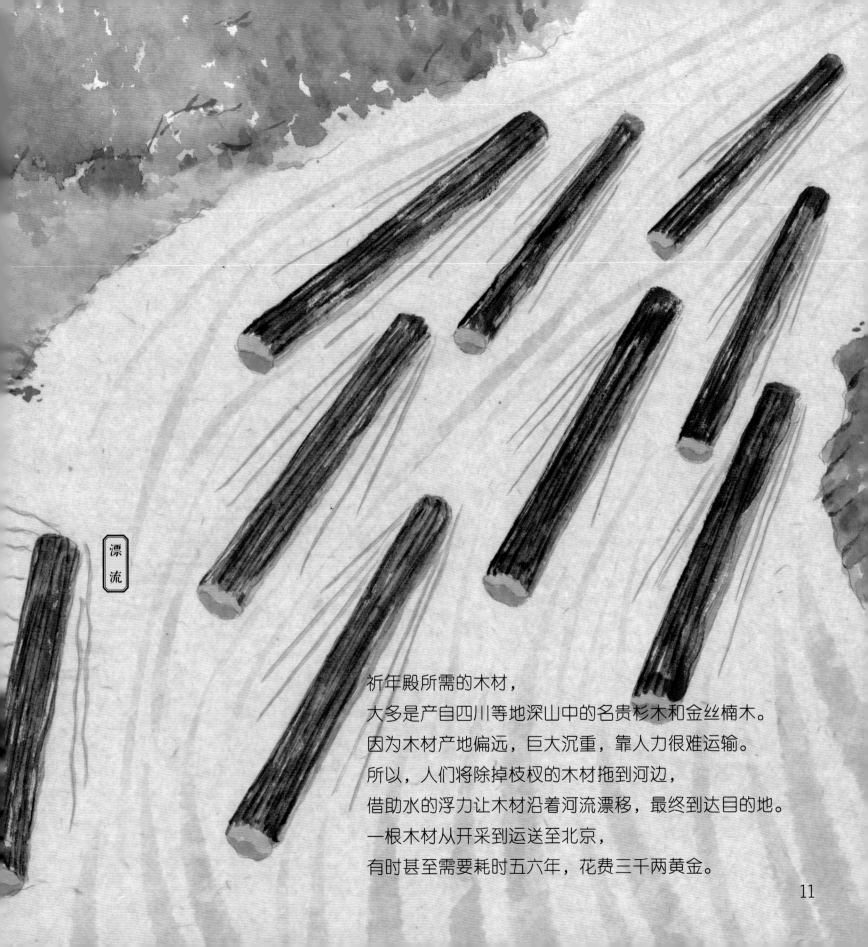

漂流

祈年殿所需的木材，
大多是产自四川等地深山中的名贵杉木和金丝楠木。
因为木材产地偏远，巨大沉重，靠人力很难运输。
所以，人们将除掉枝杈的木材拖到河边，
借助水的浮力让木材沿着河流漂移，最终到达目的地。
一根木材从开采到运送至北京，
有时甚至需要耗时五六年，花费三千两黄金。

木匠将木料加工出凸起（榫）或凹槽（卯），
用来做竖着的柱子与横着的额枋。
工匠们站在脚手架上，将柱子立在柱顶石上，
再吊起额枋，与柱子连接在一起。
古人建房很少用钉子，
想一想，他们是如何连接柱子与额枋的呢？

古人运用智慧创造出了榫卯结构——
就是把构件上凹下去的部分和凸起来的部分插接在一起，
让不同的构件紧紧连接，
就像我们玩拼插玩具一样。
这样，即使不用钉子和胶水，
也能建起又大又结实的房屋。

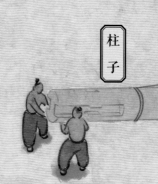

柱子

脚手架

额枋

13

试一试只伸出一根手指，

你可以让本书稳稳地平躺在指尖上吗？

是不是很困难？

不过，如果你伸出三根手指，这就变得非常容易了。

盖房子的原理跟这差不多。

祈年殿的顶结构复杂，重量大，

单靠柱子很难支撑。

为了让顶稳稳地搭在额枋与柱子上，

工匠们在建造祈年殿时用了一种叫作斗拱的结构。

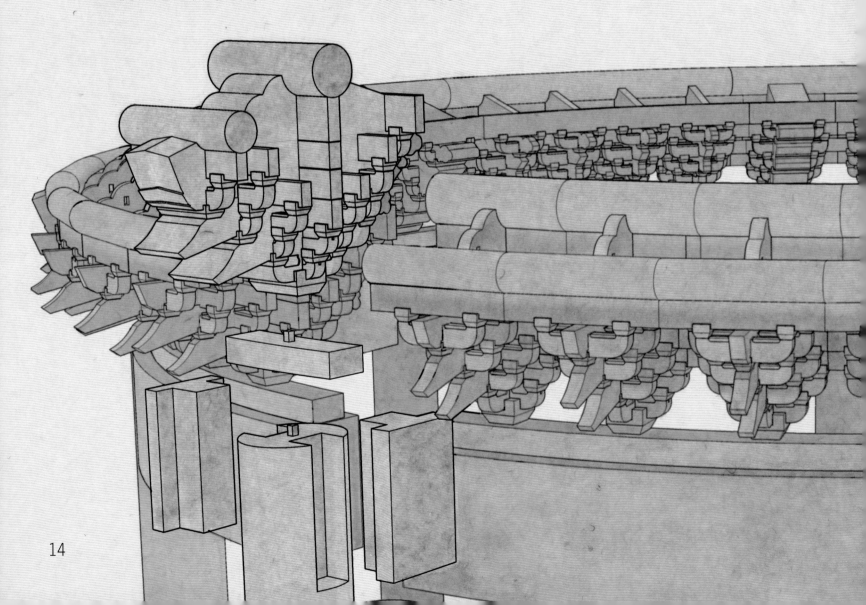

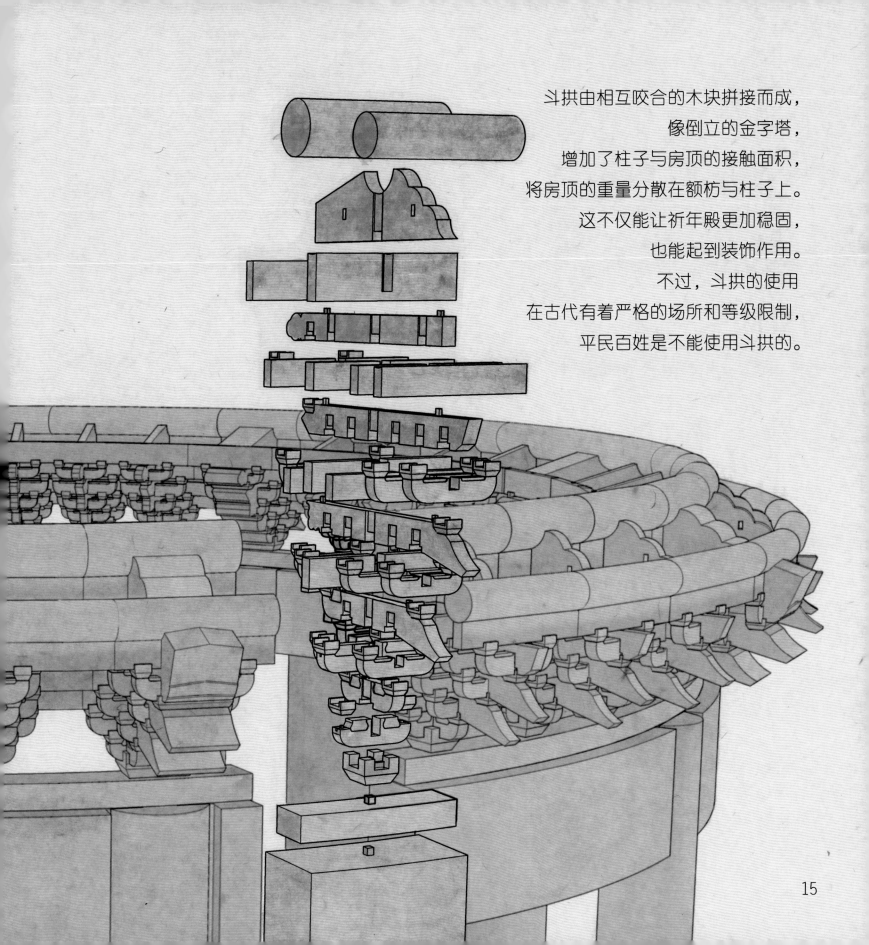

斗拱由相互咬合的木块拼接而成，
像倒立的金字塔，
增加了柱子与房顶的接触面积，
将房顶的重量分散在额枋与柱子上。
这不仅能让祈年殿更加稳固，
也能起到装饰作用。
不过，斗拱的使用
在古代有着严格的场所和等级限制，
平民百姓是不能使用斗拱的。

你是不是被祈年殿闪闪发光的蓝色顶吸引住了？

这种像宝石一样的材料就是琉璃瓦。

不同于普通的灰瓦，琉璃瓦表面是特制的带有颜色的釉面，

这让它不但质地坚硬，而且不会褪色。

但是，琉璃瓦的用料十分考究，制作技术复杂，

所以只有少量的建筑会使用这种材料。

色烧

素烧

制坯

练泥

晾坯

琉璃瓦的制作比灰瓦的难得多。

制作琉璃瓦要选用江苏特有的白土。

将白土碾压成粉末后，加水，

用双脚反复踩踏进行练泥，待泥阴干后用模具制成坯，

之后，将坯放入窑中进行第一次烧制——素烧，

烧好后涂上不同的釉浆，

放入匣钵内入窑进行第二次烧制——色烧。

这样，表面坚硬又有光泽的琉璃瓦就制作好了。

修整

施釉

17

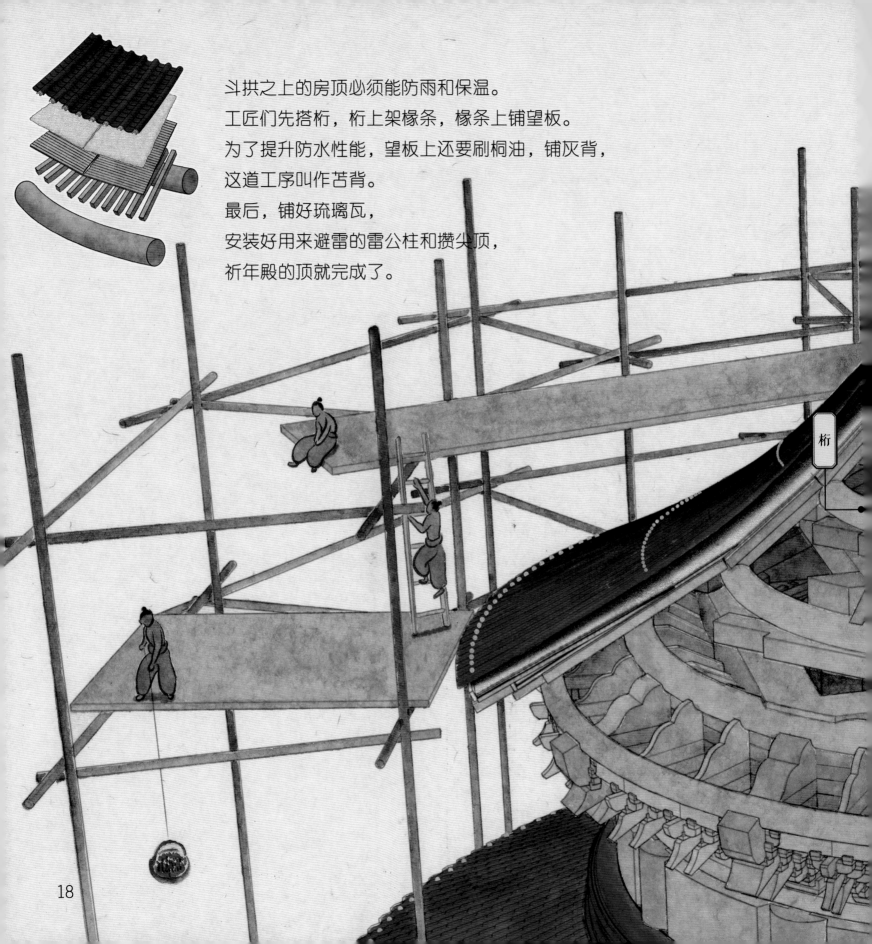

斗拱之上的房顶必须能防雨和保温。

工匠们先搭桁，桁上架椽条，椽条上铺望板。

为了提升防水性能，望板上还要刷桐油，铺灰背，

这道工序叫作苫背。

最后，铺好琉璃瓦，

安装好用来避雷的雷公柱和攒尖顶，

祈年殿的顶就完成了。

桁

顶珠

雷公柱

灰背

椽条

望板

祈年殿最上方的镀金顶珠，
最粗的地方直径近两米。

19

搭好全部木结构后，工匠们便开始安装门窗，用金砖铺地。

祈年殿的门窗槅心采用的是"三交六椀菱花"的样式，

三角形相交的中心是一朵六瓣菱花，每个三角形内都有一个圆孔。

这种图案有天地相交而生万物的寓意，

在殿宇建筑中是最高级别的装饰图案。

金砖

金砖可不是指用黄金制作的砖，
而是苏州特制的一种地砖。
这种砖制作成本很高，
敲击的时候还会发出金属的声音，
所以被叫作金砖也算名副其实。
铺墁完地面后，工匠们还要用桐油反复擦拭金砖，
使其表面更加光亮。
因为工序复杂，一个瓦工与两个壮丁每天只能铺五块金砖。

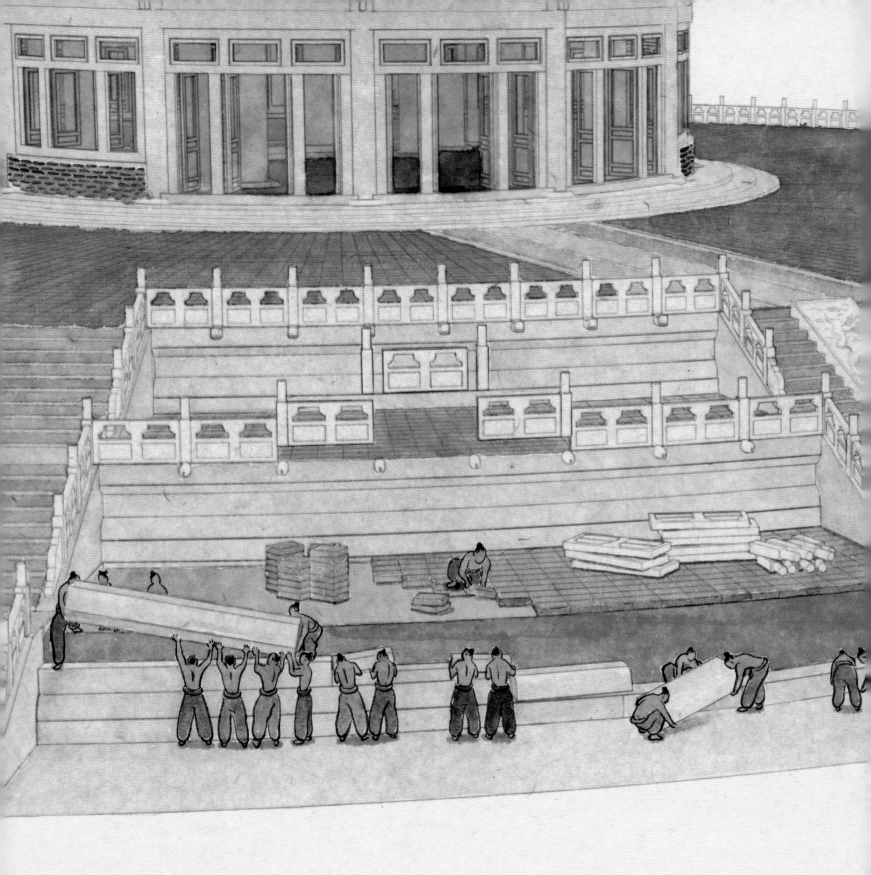

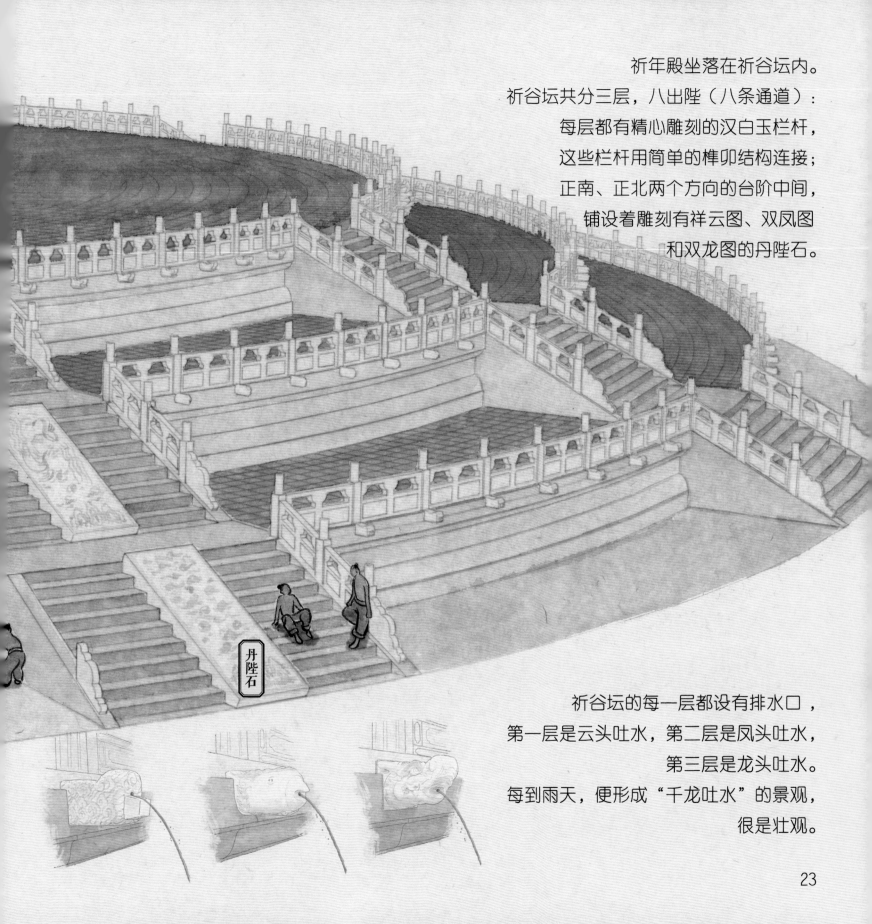

祈年殿坐落在祈谷坛内。
祈谷坛共分三层，八出陛（八条通道）：
每层都有精心雕刻的汉白玉栏杆，
这些栏杆用简单的榫卯结构连接；
正南、正北两个方向的台阶中间，
铺设着雕刻有祥云图、双凤图
和双龙图的丹陛石。

丹陛石

祈谷坛的每一层都设有排水口，
第一层是云头吐水，第二层是凤头吐水，
第三层是龙头吐水。
每到雨天，便形成"千龙吐水"的景观，
很是壮观。

由于木料本身容易受潮或被虫蚁蛀坏，
为了防腐与保持美观，木构件还需要上漆。
上漆通常包括捉缝灰（填补裂缝）、通灰、使麻、
压麻灰、披中灰、披细灰、上光红漆等工序。
有时，画师还要用沥粉贴金等手法，
在木构件上绘制华丽的彩画。

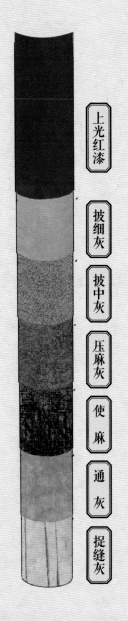

上光红漆

披细灰

披中灰

压麻灰

使麻

通灰

捉缝灰

金
柱

钻金柱

檐
柱

　　为了支撑祈年殿的三重屋檐，祈年殿内外共立有三圈金丝楠木的大柱子。内圈的四根柱子叫作钻金柱，中圈和外圈的柱子各有十二根，分别叫作金柱和檐柱。从内到外，三圈柱子尺寸依次减小，分别代表着一年四季、一年十二个月及一天十二个时辰。

25

祈年殿作为祭天的神圣建筑，
天花板被装饰得美轮美奂，
呈穹隆状的装饰在古代被称为"藻井"。
藻井正中间叫作顶心，祈年殿的顶心是龙凤木雕。

27

以后来到天坛，
一定要好好看一看，仔细想一想，
天坛祈年殿是怎么建造出来的。

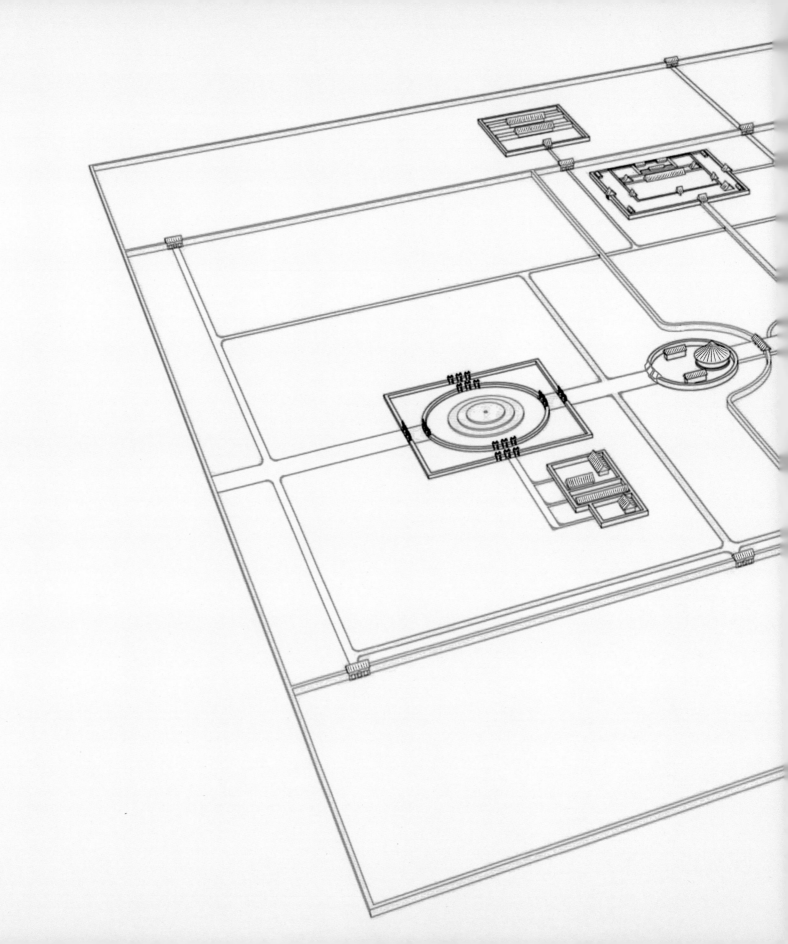